宠物心理指导手册

——81 问带你解锁猫咪密码

THE CAT PURRSONALITY TEST

〔英〕艾莉森·戴维斯
（Alison Davies） 著
〔乌〕艾莉萨·列维
（Alissa Levy） 插画
林　瑄　译

科学普及出版社
·北　京·

图书在版编目（CIP）数据

宠物心理指导手册：81问带你解锁猫咪密码 /（英）艾莉森·戴维斯著；林瑄译 . —北京：科学普及出版社，2022.10
（宠物之家）
书名原文：The Cat Purrsonality Test
ISBN 978-7-110-10461-3

Ⅰ.①宠… Ⅱ.①艾…②林… Ⅲ.①猫—动物心理学—手册
Ⅳ.① B843.2-62

中国版本图书馆 CIP 数据核字（2022）第 116357 号

版权登记号：01-2022-4586
Cat Purrsonality Test ©2021 Quarto Publishing plc
Illustrations ©2021 Alissa Levy
本书中文版由 White Lion Publishing 授权科学普及出版社出版。未经出版者书
面许可，不得以任何方式复制或抄袭或节录本书内容。
版权所有，侵权必究。

策划编辑	符晓静　肖　静
责任编辑	符晓静　肖　静
封面设计	中科星河
正文设计	中文天地
责任校对	焦　宁
责任印制	徐　飞

出　　版	科学普及出版社
发　　行	中国科学技术出版社有限公司发行部
地　　址	北京市海淀区中关村南大街 16 号
邮　　编	100081
发行电话	010-62173865
传　　真	010-62173081
网　　址	http://www.cspbooks.com.cn

开　　本	787mm×1092mm　1/16
字　　数	112 千字
印　　张	8
版　　次	2022 年 10 月第 1 版
印　　次	2022 年 10 月第 1 次印刷
印　　刷	北京利丰雅高长城印刷有限公司
书　　号	ISBN 978-7-110-10461-3 / B·80
定　　价	58.00 元

目录 Contents

简　介

　　猫咪的心理世界十分复杂。美丽、神秘、犯迷糊、甜美，除了猫咪，没有什么能集这些矛盾的形容词于一身。这些披着神秘毛绒外衣的小家伙们，哪怕是玩球的时候，都能让我们跟着它们的节奏走。当你以为抓住了它们的小把柄，却发现它们才是最终赢家，留你一个人抓耳挠腮、冥思苦想。很难想象，早在公元前 4400 年，家养猫咪就已经入侵了人类的世界。

　　和猫咪标志性的神秘感一样，我们很难追溯家养猫咪的确切起源，更难回忆起到底从何时起，它们成了人类家庭生活的一分子，趴在我们的大腿上，撞到盆栽植物，探究盒子里的东西，偷走我们的心，甚至可能偶尔窥探人类死亡的秘密。

　　埃及人相信猫咪是他们的神，并且像侍奉神明一样供养着猫咪。我们的猫咪也未曾遗忘这个事实。想到这点，作为地位"谦卑"的人类，我们很难读懂猫咪的想法，也无法了解到底是什么让这些小家伙如此特别。这本书将为你提供帮助，带你深入了解猫咪最真实的内在性格，通过在不同场景中对"喵星人"行为的观察，你会了解它们的性格类型，这也能帮助你们建立更深厚的感情。

　　了解你的猫咪是一件要用一辈子去学习的事情。也许到最后，你都无法破解猫咪的密码，但试一试也是件有趣的事情。不同的品种有其自己的

特点，这些特点就是我们的线索（详情参见第 118~121 页）。即便这样，也千万别被它们的品种欺骗。猫咪本身是非常矛盾的。在猫咪的世界里，并没有一个适用于所有猫咪品种的标准，这便是本书出版的原因。

像我们人类一样，猫咪也是非常特别的。也许你会在这本书里找到恰好符合它们性格的部分，但这些内容并非一成不变。猫咪总是让人充满了惊喜，经常根据内外部环境变换着自己的性格特点。举个例子来说，如果遇到恼人的虱子或跳蚤，温顺的猫咪也会变得凶猛烦躁，再趾高气扬的小猫咪在碰到吸尘器轰鸣的时候，可能也会完全丧失它的个性。

如何使用这本书

下面九个章节分别对应九个问题，解析猫咪生活的各个方面（共九个方面）。选择和你的猫咪最有共鸣的答案，把所有的选项加在一起，看看在四个介绍里哪个和它最匹配。

在做测试的过程中，你将能够识别猫咪的小怪癖，还有它们喜欢做的事情，正是这些事情让它们变得如此与众不同。

也许每个小测试都有相同的部分，但也能从中发现猫主子的多面性格。如果没有得到确切的答案，也别失望！要记住，猫咪和这个星球上的任何生物都不同，当然，也和我们不一样。

本书依据科学研究编写，但并不是一本学术著作，而更像是一本指导手册，帮助你了解自己的猫咪和它们独特的性格。读完本书，你会发现，没有人比你更了解自己的猫咪，所以尽情享受吧！在阅读中找到乐趣，无论你的猫咪是哪种性格，它都是最完美的猫咪。

猫爪五要素

猫咪主要有五种性格特征，也就是我们说的"猫爪五要素"（如下页图所示）。根据生活的不同方面，你会在每个介绍里找到代表你的猫咪的一个、两个，甚至三个性格特征。最后，把得分相加，在第118页就能找到答案，看看你的猫咪的主导性格究竟是哪个。

猫爪五要素

2

外向型猫咪

这类猫咪常常十分活跃开朗，充满好奇，有着爱创造、爱玩的天性

3

主导型猫咪

这类猫咪会表现出极大的自信及攻击性

1

神经质型猫咪

这类猫咪常伴有焦虑问题，容易受到惊吓，有着十分害羞温顺的性格

4

易冲动型猫咪

这类猫咪属于冒险家，常常焦躁不安，冒失大意

5

讨喜型猫咪

这类猫咪常常向人类表现出自己的喜爱之情，温柔，友好

猫老大

你的猫咪有多自信？

　　猫咪属于独居生物，但它们也是可以以群居的方式生活的。不论是在一个有众多猫咪聚集的房间里，还是和其他猫咪勉强待在一起，它们都可以适应。有些猫咪会很享受在群体中生活的感觉，有些性格冷淡的猫咪则偏爱独占一屋，成为群体中的国王或王后。狮子在其种群中有着等级制度，而我们这群家养的漂亮宝贝们也许不是那样有组织或有社交要求的，但它们也有着自己的等级划分，一旦遇到领头猫，也会表现出恐惧、敬畏。

　　并不是只有普通的猫咪才需要相互照应。人类会听从具有领导性行为的人，这一点同样适用于积极进取的猫咪。你以为自己是家里的老大，实则不然。当聊到猫咪掌权时，它们可是会用尽一切办法得到自己想要的。甚至在你意识到之前，已经在它们的引导下从冰箱里拿出了一碗新鲜的三文鱼给它们吃。

Q1. 你认为，你的猫咪是如何看待你的?

    A. 是它的妈妈或爸爸。

    B. 是它的用人，满足它的所有需求。

    C. 是一个没有地位的谦卑人类。

    D. 从任何角度来看，你都是它最好的朋友。

Q2. 人人都知道，猫咪的感情变化多端。你的猫咪是处处留情，还是只忠于一人?

    A. 你可以百分百确信，自己就是它的宇宙中心。

    B. 它会根据自己的需求，随时转换表达爱意的对象。

    C. 这个散漫多变的小家伙，对你的态度变化就像你换猫砂盆一样快。

    D. 它对大多数人都很友好，但你是它的最爱。

Q3. 不管你家养了几只猫咪，当和其他的猫咪在一起时，你的猫咪是什么反应?

    A. 它会让给它们很大的地盘。

    B. 它会接受当下的情况，并且保持一定的距离。

    C. 它会发出声音警告，并且用暴力表示恐吓。

    D. 它会加入其他的猫咪，用鼻子嗅对方，并伴随着友好的咕噜声。

Q4. 你的猫咪会如何向你宣示它的主权？

A. 它太亲人了，不会有这样的举动。

B. 用爪子温柔但极度坚持地拍打你，直到说服你为止。

C. 它会发脾气，并且做出"生气猫咪"的行为和举动，让你发现。

D. 不管它做什么，你都是老样子，所以它什么都不用做。

Q5. 在争夺沙发上最好的位置时，你的猫咪会怎么做？

A. 和你分享这个位置。

B. 用它的爱包围着你，然后慢慢挤在你的身边。

C. 跳上沙发，用它的屁股推你，逼你给它让位置。

D. 要是它蜷在你的大腿上，谁还需要争一个沙发上的位置呢？

Q6. 你的猫咪想出门，你想让它待在家。这个如何解决呢？

A. 它放弃出门，在你身边找一个舒服的位置打盹儿。

B. 用它的温顺征服你。在你的脚踝之间蹭来蹭去，直到你放它出门。

C. 它会待在门旁，一直喵喵叫到你默认为止。

D. 只要你一直陪它玩最喜欢的猫捉老鼠的游戏，它就会很开心。

Q7. 当遇到陌生人时，你的猫咪会如何宣示主权？

A. 做一只温顺的小猫。在这些人进门之前，它就已经离开了。

B. 它会和陌生人友好地玩耍一分钟，然后收回自己的爪子。

C. 发出尖锐的声音，用滋滋的声音和极大的咆哮声来警告那些离得太近的陌生人。

D. 它会选一个稍远的位置，从远处观察这些人。

Q8. 当涉及分享食物或遇到类似的事情时，面对家里的和外面的猫咪，你的猫咪会是一个独享者，还是一个慷慨的分享家呢？

A. 只要有自己的那份，它就会乐于把零食和其他猫咪分享。

B. 对于一只性格淡漠的猫来说，它就是老大，还要有自己专属的食盆，任何东西都不能分享。

C. 进食时间之所以有专门的安排，是有原因的。就是享受独自一猫的快乐时光。

D. 自给自足，资源充足。不管怎样，它都不在乎。

Q9. 当你的猫咪很饿的时候，却吃到了和往常不一样的食物。会发生什么呢？

A. 先用鼻子闻了闻，接着就大口吃了起来。

B. 它会在冰箱前晃来晃去，蜷缩在你的双腿中间，直到你再给它其他的食物选择。

C. 不论你在它的面前放什么，它都会发出喵喵的叫声，直到你给出让它满意的选择。

D. 它会发出悦耳的叫声，直到你提供其他的食物为止。

结果

宝宝型

神经质型和讨喜型

　　这个可爱的毛球也许在其他方面都很高大，但在它的心里，自己还是一只小猫咪。它的内心深处是个小宝宝，它全然指望着你的照顾。它更可能会是一只焦虑的小猫咪，大多数情况下，你就是它的安全毯，也是它感到紧张时，会首先寻求的港湾。当你完全属于它的时候，它会享受着你全心全意关爱和照顾它的每分每秒。在你的怀抱里，它的感觉就像夏日阳光里盛开的花朵。这个类型的猫咪更像是一只家养猫，但如果它真的出去了，也不会离开你太远。像要照顾一个宝宝一样，你就像是一棵大树的顶端，你的猫咪也喜欢你这样为它操心。大多数猫咪都非常独立，但你的宝贝恰巧不是这样的。幸好有你。作为它的"父母"，养育这个漂亮的宝贝，能给予它所渴望的更多的特殊关怀，你也欣然愿意。

教父型
外向型和易冲动型

行动迅速，成熟老到，带有猫咪特有的狡诈，这类猫咪要比鬼鬼崇崇的狐狸更狡猾。当它行动的时候，仿佛周围布满了雷达。就像夜里的盗贼一般，这类猫咪会让你心甘情愿献出自己的心和钱包。作为操控人类的大师，它知道，暂时的委曲求全才能达成目标，最终成为一个"猫老大"。对你表现出的好感，就是它的通行货币，它会用示好换取一切它想要的。不过即便如此，它也是真的很喜欢你。只不过，若是你提供了它想要的，它会更爱你罢了。对于别的猫咪来说并不轻松，但对于这类猫咪来说，和它的主人之间耍点儿小花招却是件很容易的事情。除非有事情值得大打一架，一般情况下，这个类型的猫咪会因为不喜欢压力，而尽力避免一切冲突。它更喜欢窝在你的大腿上，随着时间的流逝，审视一切，计划着如何统治世界。它们让你琢磨不透，并且有时过于心血来潮，这样的性格让你无法和它共享荣誉，但是面对这个事实吧，正是这样的原因，才让你成了这类猫咪生活的一部分。

猫老大

外向型和主导型

　　这个类型的猫咪从不吝啬发声表达自我。如果它有任何的感觉，你也一定会同步感受到。这类猫咪不仅仅会分享自己的爱，还会分享自己的不满。人类是邪恶的，但这并不是这类猫咪完全不喜欢你的原因，从一些小的方面来说，人类还是可以被忍受的，只是没有任何东西可以和它们自身的高贵相比较。它们怎么能这样呢？这类猫咪可是无比高贵的存在，无论是它们动人的咕噜声，还是掉在房间里到处都是的珍贵毛发。不过要是有一只四处游弋的猫咪闯入了它的领地，那就算跳下来打一架，搞得脏兮兮，它也是不怕的。你家的虎斑猫永远都不会是一只过于亲人、友善平和的猫咪。对于它来说，个人空间至关重要，任何试图闯入领地的猫咪都会被它用眼神警告。当它离开的时候，就像一支火箭一样。没错，这类猫咪是很具有攻击力的，但是它不会这样对它的主人。这类猫咪喜欢做主导者，只要你能认清它是你的老大，那就没什么好担心的了。

最佳伙伴

外向型和讨喜型

　　这类猫咪会成为每个人的好伴侣，当它向你发出"喵呜"的叫声时，你就会被它完全俘获。它常常会主动接触其他的猫咪和人类，并且喜欢交新朋友。在这个类型的猫咪周围会觉得很舒服，因为它们并没有什么要求，能够自给自足，还有着乐观积极的态度。没到一定的程度，它们丝毫不会惊慌。为了权力而争夺完全不是它们的风格。当一天结束的时候，能够在人的大腿上找个舒服的地方趴着，就足以让它满足到心里唱起歌了。它最爱做的事情，无疑是跟你待在一起。不论是看时尚杂志，还是整理包包，在这些你爱的事情上，它可谓是态度积极，一定要参与其中。这类猫咪更喜欢成为团队中的一员，而不是其中的领袖。为了成为团队的领袖跑来跑去，比在它的爪子上挂上东西还要让它觉得糟糕。对于这类猫咪来说，平等相处才是真正的享受，两个亲密的朋友在一起便能面对全世界！

猫咪的日常

你的猫咪都有什么
日常习惯？

像人类一样，猫咪每天都在以不同的方式生活。有一些猫咪喜欢冒险，而另一些猫咪则喜欢更平静的生活。大多数猫咪喜欢更熟悉的生活方式，所以一般来说，猫咪都是固定日常的保持者，不论是寻找一个安全的地方，还是找一个可以享受美食、打盹儿的时间，它们在所有的事情上，都有自己的日常安排，但是生活也会出现变化。

观察你的猫咪如何应对日常难题和突然出现的小麻烦，可以让你了解这类猫咪最深层次的需求。作为它的主人，你会知晓猫咪正常的情绪和性格，你也会知晓什么时候或是否发生变化。一些不那么容易发现的性格上的变化，就会揭示这类猫咪的优势和劣势。如果你想要更加了解自己的猫咪，那就仔细观察你们相处时发生的每件事，以及你如何做才能让这一天变得愉悦享受。要学会迎合你的猫咪多变的性格，跟着它的节奏走。就算你不喜欢惊喜，但可能你也会发现自己正在悄悄享受着你的猫咪的自然反应。

Q1. 无论是上班通勤，还是去超市购物，我们每天都会在某个时间离开家。这段时间对于猫咪来说，可以像在天堂般快乐，也可以像在地狱般痛苦。你离开的时候，你的猫咪是什么反应呢？

A. 它会假装毫不在意，甚至精心护理自己的指甲。

B. 它会等你马上要出门的时候，扑到你的脸上，糊你一脸猫毛。

C. 它会在你的脚边跑来跑去，试图绊倒你。要是它成功了，你就得留下陪它玩了。

D. 它会可怜巴巴地坐在门边，一直等到你回家。

Q2. 对于一只普通的猫咪来说，家庭聚会的时候，家里总会因为迎来不少"不速之客"而变得拥挤忙碌。面对闯入其领地的其他生物，你的猫咪会做何反应？

A. 它会借机趾高气扬地迈着猫步，和来访者分享它的高贵典雅。

B. 每个来访者都是它选择跳上大腿的对象。

C. 只要这些人带着猫薄荷和玩具，那么他们就是受欢迎的！

D. 悄悄带一些奶酪饼干，是和陌生人交友的唯一方式。

Q3. 你的猫咪每天会把大把的时间花在什么地方？

A. 时时刻刻都在打扮自己，整理毛发，打磨指甲，发出满足的呼噜声。

B. 打滚儿，打盹儿，放松自己，休息。

C. 自娱自乐，跑来跑去，到处嗅闻。尽情享受每一分钟带来的满足感。

D. 享用美味小点心。如果嘴没动，那就不是小猫咪了！

Q4. 从轻松舒适到高度紧张，你可以从猫咪的表现中读懂它的情绪。你的猫咪的日常情绪是什么样的？

A. 冷漠。

B. 轻松。

C. 好奇。

D. 充满爱意。

Q5. 这是每只猫咪最怕的时刻：到动物医院进行年度体检。你的猫咪会做何反应？

A. 不屑一顾。你怎么能够打乱它每天收拾打扮的日常呢？这些都是它必须要忍受的。

B. 轻松的。去动物医院的路上它可以好好打个盹儿，也能享受跟你在一起的时光。

C. 你要先抓住它，再说别的。

D. 它会躲在角落里，做出"最胆小的猫咪"的样子。

Q6. 到了该吃药的时候了，这也是每个主人最害怕的时候。你的猫咪会是哪种类型的患者？

A. 一个脾气暴躁的患者，被逼着喂药的画面可不好看。

B. 它会温顺地让你喂药。

C. 它会跑掉！你的猫咪知道要发生什么，所以它不会就这样坐以待毙。

D. 只要它装得像一块奶酪一样，这事儿就可以当作不会发生了。

Q7. 每只猫咪都有自己的避风港，一旦遇到太多不能承受的事情，它就会躲起来。当你的猫咪遇到困难时，它会躲在哪里呢？

A. 躲在衣柜顶上它专属的毛绒垫上。

B. 躲在沙发的角落里，舒服地蜷缩着。

C. 躲在窗帘后的窗户边上，方便它快速跑出去。

D. 躲在冰箱的上面，谁都发现不了，掌握着食物的最主要来源。

Q8. 如果要选出一天当中和你的猫咪在一起时最喜欢的时光，那是什么时候呢？

A. 当它表现出对你喜爱的任何时刻。

B. 夜晚的时候，你和它一起在沙发上放松。

C. 在一起玩耍的时候，给它分享一些小饼干。

D. 当你回家时，小猫咪冲着你跑来，毛茸茸地跟你打招呼。

Q9. 从情绪化的大胃王到活着就是为了吃，你的猫咪与食物的关系揭示了它性格的更深层面。哪种描述最适合你的猫咪呢？

A. 它有权拒绝任何低于标准的产品。

B. 这只猫相信自己的直觉。如果它精神振奋，什么都能吃；但如果它状态不佳，胃口就会下降。

C. 这只猫视食物为燃料，来"点燃"它肚子里的火。

D. 食物就是生命，就这么简单。

结果

酷炫猫咪

神经质型和外向型

　　远离一切是这类猫咪的生活准则。在猫咪和人类的阶级划分上，它可是坐在了王座的顶端，俯视着它的宠臣们。但它也不是完全的掌控者，它对于权力也没有什么太大的兴趣。这类猫咪会尽可能地享受自己的世界，而你则要想方设法追寻它的脚步。日常习惯对于它来说非常重要，但不要以为这类猫咪从不打破常规。与之不同的是，如果它真的对变化感兴趣，那么它会用非常明确的方法让你知道。它们聪明、自律，却并不完全外向。这类猫咪喜欢当领头的那一只。外表对于它们来说是头等大事，任何时候都要保证自己处在最佳状态。它们喜欢在你工作的地方来打扮自己，这一点非常重要。这类猫咪总会把自己和其他猫猫（以及人类）区分开来，它有着柔软的内心，悄悄渴望着别人的关注。要像对待公主一般对待它，你就能得到最好的回应。

休闲之王

外向型和讨喜型

　　这个类型的兄弟能够参透禅意的本质。自娱自乐是它们的强项，它们随时散发着自信、安乐的气息。它们不需要主导一切。在这类猫咪身上，你找不到任何紧张焦虑的痕迹。它们安静平和、温柔深情，对事情的回应大多比较一致。它们可以轻轻松松交到朋友，认识周边所有的邻居，在一些透光的地方去捕捉温暖的光斑。不论是阴天还是晴天，这只猫咪平和的性情使它能够成为一个理想的抱枕，和你抱在一起是它们最喜欢做的事情。每当这时，它们所发出的满足的呼噜声足以说明一切！这类猫咪并不是爱挑刺儿的家伙，它们更能和其他动物，甚至是跨物种的生物和平相处。它们有着很强的包容心，这意味着它们几乎可以接受所有的事情和人类。不幸的是，这也通常意味着，它们容易成为各种麻烦事的目标。它们通常都能够看到其他猫咪最好的一面，尽力避免冲突。毕竟，它们是传播爱的使者，而不是一个找麻烦的斗士。

猫咪的日常

机灵鬼

外向型和易冲动型

迅速、敏捷、灵活、意志坚定，这类猫咪在任何场合下都像旋风小子一般。自由是它们的标志，充满好奇的想法需要被不断丰富。当你在做晨间瑜伽时，它会过来侵占一席之地；当你检查墙壁的裂缝时，也少不了它的身影，这类猫咪需要忙碌起来。它们有着一颗活泼好动的内心，勇敢无畏，只要是它们决定的事情，它们一定都会积极主动去做。对于这些猫咪来说，把家里的东西挪来挪去，是打发时间的最好方式，也能保证你为了找到这些物品做足够的运动，还能趁机在你的双脚之间玩来玩去。这是一种永远长不大的小猫咪，它顽皮的天性能够为你提供大量的社交媒体素材，包括照片、视频剪辑和奇闻逸事。对于这类猫咪来说，它们的字典里没有"无聊"两个字，沙发的表面逃不过它的利爪，其他类似的东西也一样，它们喜欢在上面抓来抓去，用鼻子嗅，或者在拆家之后胡作非为。要想抓住它的心，就要能够随时引起它的关注。让猫咪把自己爱玩的精神投入在你的身上，那你就能拥有一个一生的好朋友。

腼腆大猫

神经质型和讨喜型

甜美、羞涩、不善社交，这类猫咪看起来可能是个独行侠，但它其实很喜欢和你在一起。它们容易紧张只是代表它们无法适应人太多的地方，其他的猫咪或人类对于它们来说是一种威胁。既然都已经这么说了，说明它需要的是大量的耐心和对它的专属呵护。它的肚皮就是最好的证明，如果你想赢得它的信任，食物和情意绵绵的安抚是最好的办法。这类猫咪喜欢日常生活的条条框框，任何轻微的变化都会成为它逃离安全地点的原因，但是一旦它克服了自己刚开始神经质的地方，一切就都好了，不过在这个过程中，你要一直陪伴着它。从它的身上，你找不到任何极具攻击性或是爱出风头的迹象，这类猫咪渴望消除自己的恐惧，所以多给它一些拥抱，从头抚摸到尾，和它静静待在一起是必不可少的。

读懂猫咪心

猫咪到底在想什么？

在很多民间传说当中，猫咪占据着神话故事的重要地位。在这些传说中，猫咪似乎都是富有魔力的。它们常常与超自然话题相关联，不论是它们的尾巴还是胡须，都拥有超自然力量。

当然，猫咪也非常有才华，灵巧聪敏是它们的天赋，灵活的四肢和保持平衡的能力，让它们在充满不确定性的情况下很好地生存。不仅如此，猫咪的思维极为活跃，拥有它就像拥有了动物界的超级英雄。就像人类拥有不同的力量，猫咪也是一样的。你的猫咪也许不是一个天才，但能凭借自己的聪明才智和速度，在大街上脱颖而出。而你，则是这个猫咪策划大师的温暖港湾。不论你的猫咪有着什么样的天赋，它都能够用自己的小爪子让你心甘情愿地臣服，这足以说明它了不起的猫咪力量！

Q1. 就像狗狗一样，如果猫咪愿意，它们也能听从你的指令。当你提出要求时，你的猫咪是怎么做的呢？

A. 它会用自己最独特的表达方式："爪爪的态度说明一切。"

B. 饼干是对它行动起来的最好的激励方式。

C. 它可能会投入一小段时间，但是任何分散注意力的事情都会导致它丧失兴趣。

D. 它会伸展四肢，打哈欠，然后自顾自睡去。

Q2. 你离开家时不小心把猫咪关在了卧室里，你的猫咪会做什么呢？

A. 在你的床垫上大小便，让你长长记性，下次不要再这么做。

B. 它会明白怎么用自己的体重和门把手抗衡，发挥才智打开门。

C. 它会从窗户漏开的缝隙中逃走。

D. 它会蜷缩在羽绒被下，等你回来。

Q3. 你的猫咪在哪里便便？

A. 当然是在邻居的花园里！

B. 在猫砂盆里，并且最后还能干干净净出现在你面前。

C. 在家外面，就像大自然召唤本身一样。

D. 大多数情况下是在猫砂盆里，但是也经常在家里的各个角落。

Q4. 你最近搬家了。猫咪要花多久才能在新家感到舒适和自信呢?

A. 它立刻就会划好自己的领地,并且让所有人知道,这是属于它的安全地点。

B. 它会先巡视每个房间,查看每个角落,给闯入者设下圈套。

C. 第一天过后就能回到它的最佳状态,略带挑剔地安顿下来。

D. 它会最少藏起来一周,只有在吃东西的时候才会出来。

Q5. 电视开着,正在上演你最爱的自然纪录片。你的猫咪会如何参与其中?

A. 和电视上演什么相比,它更喜欢蜷缩在你的大腿上。

B. 听到鸟儿鸣叫的时候,它的耳朵会有所反应,并且无法把眼睛移开屏幕。

C. 它试图隔着电视屏幕抓住小鸟,用爪子拍打电视,在电视周围徘徊。

D. 电视里刺耳的声音让它回到自己安全的床上。

Q6. 今天是个艳阳天，但是你知道马上就会迎来一场暴风雨。你的猫咪会做何反应？

A. 完全忽视现在正好的太阳，并且拒绝离开沙发。

B. 它有些焦躁不安，在家踱步转圈，不断看着窗外。

C. 它什么都不在乎。户外活动是它的最爱。

D. 当第一滴雨落下的时候，它就会马上跑进门陪着你。

Q7. 当你从商店购物回家时，你的猫咪正在做什么？

A. 在它最爱的位置蜷缩着。

B. 在窗户边等着你。

C. 在外面转悠。

D. 在它的安全地点藏着。

Q8. 我们都知道猫咪有第六感，但是你的猫咪有什么特别的功能呢？

A. 它是猫咪界的尤里·盖勒，能够读懂你的思想，知道什么对你最好。

B. 它是夏洛克·福尔摩斯，有着侦探必备的技能。

C. 它是逃脱大师，就像魔术师胡迪尼一样。

D. 它是隐形人的最好模仿者，尤其是当你需要陪伴的时候。

读懂猫咪心

Q9. 当你叫猫咪的大名时，它会做何反应？

A. 如果时机合适，它就会过来。如果有别的事在忙，那你就要等等。

B. 它会用一声"喵呜"让你知道，或者转头看向你，表示它听到了。

C. 根本看不到它在哪里。

D. 已经在你的脚边，等你给它奖励。

结果

投机者

外向型、主导型和易冲动型

　　来看看猫咪中的马基雅维利（投机主义者）。这只狡猾的猫咪表面看起来单纯无害，但是千万别被它骗了。它可知道自己在做什么。空气似乎没有什么变化，但它却能偷偷摸摸弄出点儿事来。这类猫咪能很好地用自己的率性而为和自发的行为来平衡主导被动的关系，这让它能够把握每一天，利用好每一个改变的机会。其他人也许会有别的想法，利用猫咪的聪明才智来解决问题，但这些操控大师会想在你的前面，并且考虑自己能从每件事中获得什么样的回报。当面对选择时，它们会挑对自己最有利的。投机主义猫咪喜欢更加轻松的生活，只要能够达到它的目标，那就是开心快乐的。

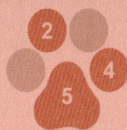

B

天才猫

外向型、易冲动型和讨喜型

　　这类友好亲人的猫咪每天都在不断实践牛顿定律，思考着如何把相对论应用实践到捉鸟行动中。积极活跃的思维让它们永远都在行动的路上，寻找新的实验和新的体验。作为一个讨好人类的猫咪类型，没有什么比得上它主人的笑容，不过，即使它很容易被训练，也不会总按照你想的去做。这个好奇的猫咪需要刺激，如果家里没能提供给它，那它就会到外面去找自己想要的。它们喜欢更大的领地，以便于探索和发现。它尤其喜欢可以自己组装拆卸的小玩意，这样就能毫无顾虑地在一堆小零件里弄脏自己的小爪子和小鼻子。生命、乐趣和你都是它一生的挚爱，它会用自己的小把戏让你快乐一辈子。

实用主义者

外向型、主导型和讨喜型

　　这类猫咪的内心有着早已建立好的逃生机制。因为它会对事物很快失去兴趣，更喜欢通往人类温暖大腿的开阔之路，因此很难被人压制。这并不意味着它不享受拥抱，只不过要按照它的要求来。在户外玩耍对于它来说很重要，并且不能受到任何其他的限制。它的智商也许在猫咪中并不算是顶级，但是它足够聪明，能够解决自己遇到的问题。它的技巧更偏向实用型而非理论型，它走路时会不经意地流露出自信，在并非自己的领地中逡巡。如果你想要寻找一个不用怎么去维护关系的猫咪朋友，那这个类型的猫咪就再合适不过了。它们直截了当对待生活的方式是毫无敌意的，并且（当你能找到它时）有它相伴是一种快乐。

亟待呵护型

神经质型和讨喜型

　　这类猫咪看起来是容易受到惊吓的类型，它们容易紧张，并且会真的立刻跳起来，但是它也同样非常敏感。也许它们并没有那些街头反叛者的小聪明，但它们却有着能够读懂你的能力。当你生病或感到不舒服的时候，它会第一个出现。它的爱是没有终点的，那种喜爱之情甚至令你窒息，在你真正需要的时候，它柔顺的毛和满足的呼噜声就会陪伴着你。那种焦虑深植于它们的生命中，在主人的帮助下，它可以学会信任，并且能够大踏步地向前走。虽然轻柔但却能让人有所感知，它们的生命中充满了欢乐。这类猫咪并不需要过多的运动或冒险，喜欢待在家里的它们更能从熟悉的景象、声音中找到舒适，从自己稳步的节奏中学习属于猫咪的完美。

穿靴子的猫

你的猫咪的美丽
日常是什么？

　　猫咪有很多漂亮的品种，人类很难只喜欢其中的一只。猫咪知道这点，并且很好地利用了这一点。一些猫咪会用自己的可爱作为交易，另一些猫咪则对人类的"只可远观不可亵玩"感到开心，它们也能够做自己的事情。

　　但这并不完全有关于虚荣心。猫咪需要一定程度的美容护理来帮助它们看起来或感觉起来都非常棒。梳毛可以帮助它们促进血液循环，清洁毫无光泽的毛发，还能给人类和猫咪提供更好的感情连接机会。虽然娇生惯养的猫咪喜欢前呼后拥，但其他猫咪更喜欢顺其自然。精通时尚的猫科动物走高级时装路线，并在各种各样的关注下健康茁壮地成长，而那些更内向的猫咪则处于雷达之下，生活在树荫之中。

　　美丽取决于旁观者的眼光，但你的猫咪的样子很能说明它是否自信，以及它如何与人互动，它喜欢美容护理的程度则充分说明了它的个性。

Q1. 你的猫咪会如何看待它的日常美容护理呢?

A. 不存在,不需要。有冒险存在的时候,谁还在乎胡须什么样呢?

B. 我的毛不在原来的地方了,太害怕了。

C. 大自然就是这样打造我的。我本来就是这么美。

D. 时好时坏。从摇滚野猫到高级猫咪,我可以混搭。

Q2. 圣诞节到了,到处都是金光闪闪的装饰品。在这段时间里,你的猫咪是什么感觉?

A. 华而不实,金光闪闪,虽然不能用来穿,但是可以用来追着玩儿!

B. 亮闪闪,发着光,还有甜甜的洗发水香味,谁能不爱呢?

C. 要是主人想变成一棵圣诞树,那就应该自己长出枝丫来。

D. 节日盛宴当然好,但别给我戴上土气的圣诞帽。

Q3. 到了该给猫咪拍写真的时候了，你的猫咪对各种摆姿势怎么想？

    A. 紧张焦虑。

    B. 充满魅力。

    C. 它完全不在乎。

    D. 充满好奇。

Q4. 你和你的猫咪正依偎在一起。再凑近一点儿的时候，它闻起来是什么味道呢？

    A. 潮湿的土壤，还有垃圾箱的味道。

    B. 它喜欢昂贵的古龙香水的味道。

    C. 家的味道。

    D. 你最爱的甜品味。

Q5. 当你的猫咪情绪不好时，它喜欢哪种安抚呢？

    A. 它会把自己展现在你的面前，引起你的注意。

    B. 为了得到一个全身按摩，它会装作很被动的样子。

    C. 当它情绪不好时，摸摸头是它最需要的。

    D. 挠痒痒是它最喜欢的，从下巴挠到肚皮，你的猫咪最喜欢扭动着身体享受着。

Q6. 你正在家里举办派对，招待朋友，有一屋子的人。对于你的猫咪来说，这是一个去做什么事的绝佳机会呢？

A. 去花园里追鸟。

B. 到处展示它的优秀和魅力，得到更多人的喜欢。

C. 当你的朋友和家人跟你聊天的时候，它就去做自己的事情了。

D. 偷走一些小零食制造混乱，然后趁势跳上你的大腿。

Q7. 良好的餐桌礼仪足以说明一切，你的猫咪是优雅的约会对象，还是用餐时手忙脚乱呢？

A. 每次都大脸朝下，从鼻子到胡须，整个埋进碗里。

B. 每一口都细嚼慢咽，并且沉浸在享受美食的快乐中。

C. 这个家伙喜欢撕咬食物，一头扎进碗里，拖着零食满屋子乱跑。

D. 它不慌不忙，先用爪子把很难咬到的东西挑出来。

Q8. 你的猫咪的标签是什么？

A. 态度鲜明。

B. 命中注定是猫咪。

C. 爱拥抱的猫。

D. 穿靴子的猫。

Q9. 你的猫咪会喜欢什么样子的项圈呢?

A. 简单大方,不要过度装饰或是麻烦地点缀,也不要铃铛。

B. 经典的粉色项圈,带有一点闪亮的点缀。

C. 它不喜欢戴项圈,自由自在最骄傲。

D. 它喜欢像摇滚明星一样,戴银色带铆钉的项圈。

结果

大老板

主导型和讨喜型

　　猫咪就是猫咪，就是它原本的样子。这个类型的猫咪没有幻想。它也不必假装成别的样子，这对于它来说完全不重要。活着是为了生活。要是需要追一只鸟，想要吃东西，那就没有时间收拾打扮自己。这只小猫咪的内心住着一个自由的灵魂，拥抱接纳它猫咪天性的每个方面吧！它知道没有猫咪能比它做得更好。作为一个熟练的猎手，它运用所有的感觉和技巧，成了最自信的猫咪。这类猫咪拥有的自信天性，使得它成了邻里间最受欢迎的猫咪。不论以何种方式，它都会让自己得到别人的注意，通常来说，它狡猾的天性是引起你注意的最好方式。它和下一类猫咪一样喜欢闹出些动静，但必须符合它自己的要求。作为一个领导者而不是一个追随者，这类猫咪会很乐意留在你的身边，和你共享旅程（只要你能够引领旅程的方向）。

时尚丽人

外向型和主导型

    这类绝色佳人早就搞定了一切。作为猫咪潮流的引领者，它们并不怕冒险前往其他猫咪害怕踏足的领域。任何能够为它建立粉丝基础的东西都可以！古灵精怪，原创性强，它的性格外向，并且是一只喜欢调情的猫咪。在它自己的幻想当中，它可能是一个善变的女人，但只有这样才能感受到爱意。对于这类猫咪来说，注意力是最关键的。越多人注意它，它就越开心，所以让你的朋友、家人，或者来访的客人多和它接触吧！虽然它并不反对穿衣打扮，但千万别过头了。就算是这类猫咪，也有自己的底线。奉献精神是它对你的要求。如果你愿意投入时间和精力，充满激情和宠爱地打扮它，为它梳毛！梳毛！梳毛！它将会用最好的明星摆拍姿势来回报你。

素颜美人

外向型和讨喜型

　　这类宝贝的魅力在于它有能力做自己。它们不需要过多的尝试，天生就是一个好看的小家伙。和它对视或拥它入怀都不是一件难事。有很多东西可以抓过来抱住，这类猫咪当然是一个毛茸茸的好拥抱的小家伙。当然，作为一只无忧无虑的小猫咪，它有很多崇拜者，但它的成功秘诀却很简单：它对自己拥有的一切都感到满意。性格外向、温柔亲切，这些性格帮助它很轻易地交到朋友，虽然它和蔼可亲、闪亮耀眼，但也绝不是一只随便的猫咪（也一定不会在公园里散步闲晃）。当呼噜声变成"咕噜咕噜"的时候，会让它看起来非常滑稽搞笑。只要你能够尊重它，就能驯服它心里的那只"老虎"。它喜欢在自己的领地上自由自在，内心深处却是一个恋家男孩，只要有你在的地方，就永远都是它的安全地带。

偶像猫

主导型和易冲动型

　　要说到真正的"穿靴子的猫"，当然穿的是"过膝靴"！这类猫咪是猫中的玛丽莲·梦露，也是所有猫咪的代表。它们小巧可人，时尚前卫，对任何混搭都做好了准备。这类猫咪会在咕噜声中表现出力量美。它是随性的、易冲动的，也常常有让你出乎意料的举动。举个例子，比如它会咬住你喂食的手，但是也可能在一个心跳之间突然改变举动。要是让它太过兴奋，你就要付出代价了。最好就是让它想怎么样就怎么样。这类猫咪最擅长的就是这个。如果你在寻找一个有性格的猫咪，那么这个美丽的小家伙可是个性十足。它能够让你的朋友也感到快乐，用它深情款款的方式赢得你的心，它能蜷缩在你最贵的雪纺围巾上，只是因为它有特权。它的节奏是无迹可寻的，这也是你对它念念不忘的原因。

穿靴子的猫

伸伸爪子，
打个盹儿，
再来一次

你的猫咪有怎样的
睡眠模式？

　　没有什么能比看到一只沉睡的猫咪更加让人平静了，它可爱、安静，透露着禅意。我们的小猫咪可是贪睡之王。它们知道睡眠的重要性，会利用这些时间为身体和心灵好好充个电，我们也应该学习这一点。它们看起来总是一副睡着了的样子，但是就像人类一样，它们的睡眠时长也会有不同，通常每天在12~16小时。可以说，睡眠也是猫咪生活中很大的一部分，所以它们必须正确地睡觉。

　　如果在错误的时间打盹儿，可能会让快乐的小猫咪变成一只活泼好动的猫咪，一旦它们蜷缩起来，并且舒舒服服的，都是为了给自己更多回旋的余地。尽管都是一些猜测，但是猫咪就像人类一样，它们也会进入睡眠中的快速动眼期，也就意味着它们也会做梦。猫咪的睡眠习惯能够说明什么是重要的，以及它是否喜欢一切尽在掌控的感觉。每只猫咪都知道，充足的休息是健康生活的关键。

Q1. 和你的小猫咪共享沙发和床可不是一件容易的事情，尤其是占到了它喜欢的打盹儿位置。你的猫咪最爱在哪里睡觉呢？

A. 任何你刚好在的地方，不论是在你的床上，还是蜷缩在离你很近的地方，都有可能。

B. 任何它喜欢的地方：放袜子的抽屉，杂志架，卫生间的水池……只要是温暖舒适、封闭的空间，都是你的猫咪会占领并享受的地方。

C. 任何它不应该出现的地方：比如隔壁邻居家，或者和其他的猫咪一起在三条街以外的地方。

D. 既然它有自己羊绒质地的猫爬架彰显它猫老大的身份，那它还能去哪里呢？

Q2. 有一些猫咪是日常女王，而另一些猫咪则对常规的事物极为反感。你的猫咪是如何看待"入睡时间"的？

A. 早睡早起，让它的小弟（也就是你）为它准备早餐。

B. 睡觉前，它一定会跟你玩一会儿捉迷藏。

C. 睡觉？它可没睡过。

D. 到点关灯，一分钟不多，一分钟不少，只要你没按时间给它安排，那就等着被收拾吧。

伸伸爪子，打个盹儿，再来一次

Q3. 像人类一样，猫咪也会做梦，有时候甚至是噩梦，你的猫咪进入睡梦之乡后是什么样呢？

A. 有人在说睡……呼呼……它已经进入梦乡了。

B. 失眠数箱子才能入睡，一个纸箱，两个纸箱，三个纸箱。

C. 追不了巨龙，梦里追蝴蝶总可以吧！

D. 梦里有非常精致的切片烟熏三文鱼，下面是美味多汁的梅子大虾。

Q4. 睡觉的姿势可以说明我们当下的感觉，但当猫咪展示自己的睡觉姿势时，它更有可能是想说明什么呢？

A. 舒展它的背部、腿部，吐着自己的舌头，完全享受其中！

B. 像一只来回蠕动的小虫子，每个缝隙都是它的栖身之所。

C. 在它睡觉的地方好好放松，但睁着一只眼睛随时准备行动。

D. 像一个球一样蜷缩起来，尾巴盘着自己的身体。完美的猫咪姿势。

Q5. 你的猫咪喜欢和谁亲亲抱抱？

A. 当然是你了！

B. 它最爱的玩具或它的猫咪朋友。

C. 能晒到阳光就心满意足。

D. 它喜欢独自躺在床上。

Q6. 从梦游到打呼噜，人类在睡着的时候也会有很多活动，我们的猫咪也是一样的！你的猫咪在瞌睡的时候会做什么呢？真的会吃"猫咪"饼干？

A. 打呼噜。

B. 坐立不安。

C. 直勾勾盯着一个地方。

D. 保持一个姿势一动不动。

Q7. 大多数的猫咪在睡眠的时候会像入定一样。如果你们可以说话，那你的猫咪会给你什么睡眠意见呢？

A. 别想了，该睡就睡。

B. 多动多睡。

C. 谁还需要睡觉？

D. 不论你要怎么睡觉，一定要有舒服高级的床品。

Q8. 当你的猫咪睡在你旁边或蜷缩在你的腿上时，你感觉怎么样？

A. 困倦。

B. 开心。

C. 充满疑惑。

D. 拥有特权。

伸伸爪了，打个盹儿，再来一次

59

Q9. 你的猫咪会采用什么样的自我关怀方式帮助自己放松呢？

A. 它可是冥想和呼吸训练的大师。

B. 专注力帮助它更好地适应周围的环境，活在当下！

C. 热力瑜伽让这个行动派的猫咪动起来。

D. 给它做一个按摩能够让它呈现出最好的状态。

结果

兄弟伙

讨喜型

要是这个类型的猫咪能够开口说话，它的口头禅应该是"放松点儿，老兄"。即使周围充斥着混乱，这类猫咪也会陷入自己的禅意状态。并非说它不会感到兴奋，只不过它通常都是通过肚皮表达一切。饥饿是唯一会惹恼它的事情。一旦这个圆嘟嘟的小野兽被喂饱了，就会回到它平静温和的状态，度过它最爱的闲暇时光：打盹儿。要是在毫无准备的情况下，人类能提供自己作为抱枕，就再好不过了！说实话，这类猫咪确实以为自己是个人类。如果它有办法，那整张床都会是它的，但是它知道，就算这样也要给你留上一席之地，才足够公平。毕竟，无论何时，你都是枕头的不二人选。这类猫咪绝对是不爱运动的类型，除非有个做瑜伽的地方，它最爱的动作无非就是"卷一卷，拉伸一把，打个哈欠"，睡觉！我来啦！

变色龙
外向型

    这类猫咪很难被制服，是个狡猾的家伙。它充满了力量，身体灵活，伸缩自如！不论是什么样的空间，它都能找到方法将自己挤入其中，仿佛这个空间的外壳就是身体表面的皮肤一样。在这个变色龙的心里，住着一个自信的家伙，要是它看上了什么，一定志在必得。但可别认为你的猫咪是个任性的家伙。它的天性就是好奇，不论你的靴子里有什么，还是冰箱里藏着什么，它都想要一探究竟。世界对于它，就像一个罐头装满了沙丁鱼：滑溜溜，散发着诱人的味道，充满了诱惑！话虽这么说，但是它们也很享受有同伴的陪伴。它最喜欢带着你去冒险，不论是走在花园的小路上，还是在厨房橱柜的后面，它都能找到分享乐趣的方法。如果你找不到游戏跟它一起玩，那不如就给它找个纸箱子吧！

破坏者

易冲动型

　　谁不喜欢坏男孩（坏女孩）呢？这类猫咪心里明白，凶猛的态度能让它活得更好。但这并不是说它一直都很淘气，真的不是。它喜欢参加各种派对，如果可以的话，最好一整晚！"好好工作，好好娱乐"是它的猫生格言，这就意味着，四处寻乐、找点麻烦、打破常规才是它的追求。虽然有时候这类猫咪并不恋家，但它们需要一个坚如堡垒的基地，一扇可以随意进出的门，它也需要舒适享乐的一天。这类猫咪知道在什么时间做什么，但是它也同样享受自由。别试图驾驭它，尊重它四处见识的权利，要知道，你是它回家的理由，了解到这一点就够你开心的了。

3

装腔作势的小家伙

主导型

　　所有的一切，都和这只看起来一本正经的小猫咪的外表相关。不爱干净的小猫根本就不会这么做。因为它认为自己是最好的，所以它希望一切都要最好。你很少会发现这类猫咪的毛发不整齐，或者脖子那边的毛乱七八糟，但这并不意味着它希望所有的东西都是闪亮发光的。对于这类猫咪来说，质量才是最关键的。它们只吃自家做的猫粮，不要往里添牛肝！从睡觉的方式，到选择的床垫，以及它嘟嘴的样子，都是最好的说明。说到这里，你心里应该很清楚，通过这只小猫失望的表情，就能明白它并没有完全满足。摆姿态的小猫咪认为它们凌驾于所有人之上，所以如果有任何猫或人类侵占它宝贵的"自我时间"，那么这类猫或人只有短暂的忏悔时间，接着就要迎来它一爪子上脸的袭击。

伸伸爪了，打个盹儿，再来一次

呼噜时间

你的猫咪喜欢怎么玩耍？

确实，猫咪打盹儿已经成为一门艺术，但它们也很贪玩。这是它们成长的一部分，可以帮助它们磨炼原始的本能，提高狩猎技巧。轻松的嬉戏有助于刺激身心，让毛茸茸的宝贝处在它的最佳状态。随着猫咪年龄的增长，定期的娱乐活动必不可少，这有助于提高猫咪的灵活性，增强它们的骨骼，同时也能增强你们之间的纽带。不失为一种减压良药！

虽然有些猫咪比其他类型的猫咪更加热情，但它们如何参与其中也揭示了它们本性的不同。它们是为了派对和欢乐而生，还是只是一只行为笨拙的"壁花"①？它们到底是充满创意的天才，还是游乐场上的恶霸？你可能会发现，你的猫咪不仅仅只有一面，这完全取决于它们的情绪，当下的状况，以及很多其他的因素。就算你的猫咪缺少快乐的情绪，也别放弃。玩耍游戏可以让一只温顺胆小的虎斑猫变成一只小老虎，这一切只需要适合的玩具和游戏，以及一点点耐心。

---

① 壁花，是指舞会或聚会中，坐在角落，无人问津的男生或女生。——编者注

Q1. 你的朋友正在和你闲聊，但是猫咪也想加入其中。它会怎么做呢？

    A. 用鼻子试探性地闻一闻你们的手，评估一下情况。

    B. 向你们亮出它的牙齿，发出"嘶嘶"声，让人类知道谁才是真正的大老板。

    C. 用头去碰每个人，直到有人跟它互动。

    D. 在房子里逛来逛去，不断打扰你们的聊天，表现自己的不乐意。

Q2. 你的猫咪喜欢和你玩什么游戏？

    A. 它喜欢在房间里走来走去，追逐每个角落里看似是入侵者的人。

    B. 攻击你的手。先是轻轻推你，让你以为手很安全，然后再用牙齿和爪子发动全面攻击。

    C. 挠肚皮。属于猫咪和主人的小幸福。

    D. 你要试图说服猫咪和你玩耍，在它从你的反方向走来前，数一数过了多少秒。

Q3. 当聊到猫咪的集体感时，你家那位喜欢和其他的猫咪一起玩耍，还是更偏向于自己玩？

A. 它喜欢独自一人。

B. 当合它心意时，它可以和别的猫咪一起玩，但是可别大意了，猫咪可有锋利的爪子！

C. 友好地嗅一嗅对方的屁屁，或是相互之间的摔跤比赛，它可都很在行。

D. 它的地位不一般，所以它更喜欢从远处看着别的猫咪闹成一团。

Q4. 作为奖励，你在花园里种了一些猫薄荷。你的猫咪会做些什么？

A. 在去嗅闻一番之前，会露出狐疑的表情。

B. 它会全力冲进猫薄荷当中。

C. 在不被这些猫薄荷闷死之前，它会在里面滚来滚去不出来。

D. 它看看那片猫薄荷，再看看你，仿佛在说"所以呢"？

Q5. 对于你的猫咪来说，一个揉成团的铝箔纸球是什么？

A. 从另一个星球来的外星人。

B. 一个可以追逐的导弹。

C. 十分罕见的流星。

D. 一个被揉成团的铝箔纸球。

Q6. 一只苍蝇不小心误闯了你的客厅，并且还没有蜘蛛网束缚它。你的猫咪会将其视为一个什么样的机会？

A. 在房间里跑来跑去，追苍蝇。

B. 准备干掉这只苍蝇。

C. 用爪子摁住"欺负"这只苍蝇，玩着"打标苍蝇"的游戏。

D. 看你像个疯子一样在房间里跑来跑去，试图把苍蝇赶出窗外。

Q7. 假设你的猫咪拥有所有形状和尺寸的玩具。它最爱的是什么？

A. 一只可以咬的，它拥有很多年，闻起来臭臭的毛织老鼠。

B. 你用来打它的拖鞋。

C. 从你的日常背包，到高尔夫球，都是它可以玩耍的对象。

D. 一个猫薄荷抱枕。

Q8. 你网购的东西到了，拆开之后留下了一个空荡荡的纸箱子。幸运的是，你的猫咪正准备做什么？

A. 爬进纸箱子里，然后防止任何小贼偷走它的箱子。

B. 用爪子在上面抓来抓去，最后撕成碎片。

C. 即兴玩起了"躲到箱子里，再跑出来"的游戏。

D. 把箱子翻得底朝天，把它当作一个隐蔽堡垒。

呼噜时间

Q9. 你买了一个新玩具：一只拖着长尾巴的感应老鼠。你的猫咪
会拿它怎么办？

A. "冒牌货！拿远点儿！"

B. 用来练习捕猎的好东西。

C. "哇喔"，玩起来简直就是在天堂！

D. "真的吗？你是认真的吗？就拿这么个东西给我玩儿？"

结果

间谍猫

神经质型和讨喜型

它永远不会承认自己精神敏感，但这只小猫咪确实会抱有最坏的打算。它们举止谨慎，在所有新的事物上都采取"无罪推定"的方法。从玩具、家具到其他的猫咪伙伴，所有的一切都不应该相信，但是这并不意味着它最终不会出现。这类猫咪需要时间来适应这一切，也就是说，要经过一些检查和侦察工作。这个了不起的猫咪简直就是一个神探"007"，监视是它的首要任务。一旦它对情况有了详尽的评估，时间到位，又有鼓励，它会更容易接受。可能看起来它并不是最爱玩的那一个，但是当它确信一切都清晰明朗时，内心的那只小猫咪就会显现出来。猫咪的胡须可是你们两个之间特有的互动。要用很多很多的陪伴回报它，并且学会欣赏它有趣的一面。

暗杀者
主导型和易冲动型

刺客型猫咪是一个高超的狩猎机器。从你的手指到脚趾，小鸟或其他毛绒动物，它一点都不挑剔，只要最后能够抓到东西就行。当被逼到极限时，它会咄咄逼人，这类猫咪不仅仅能够在邻居家的围栏上保持平衡，任何时候它走起来都是一条完美的直线，就像时髦犀利的女性一样，会享受追逐的快感。玩耍是一件需要精力且疯狂而充满活力的事情，也是为了真正的挑战来磨炼它的技能的一种方式。当你发现它在杀戮游戏中留下的碎片痕迹，千万别感到惊讶，在准备好进行更大的游戏时，剩下一半残骸的昆虫是它练习的首选。尽管你不会看到它大腹便便地晃来晃去，但并不意味着它没有柔软的肚皮。游戏时间的关键就是要有所参与。不要过度地爱抚，或者有任何太快的动作，这些都会让它过于兴奋。尊重它，就能得到它热切的爱。

呼噜时间

75

独行侠

外向型和讨喜型

　　找寻乐趣是它最擅长的事情。它会将鼻子探进任何有可能的缝隙当中嗅闻，如果没有什么有趣的事情，它也能让一切变得有趣！你也许会认为它是派对动物，但它可不是开玩笑的。这类猫咪喜欢学习。它的好奇心是必须被唤醒的，对于一个"调皮猫咪"来说，这是一种享受。它们足智多谋，自娱自乐，喜欢结交新的朋友。不论是人类还是猫科动物，只要轻轻一嗅气味，就可以让它知道这是不是它一生的朋友，如果不是，它可不会因此放下呼呼大睡的机会。幸运的是，这类猫咪会很容易获得快乐。给它更多的空间让它去奔跑，看它滚来滚去吧。它们总能找到回家的路，因为这里是它们最开心的地方。想要提提神？给它们一个带着绳子的球，玩起来吧！

批评家

主导型和讨喜型

　　虽然有人说这类猫咪居高临下，但它只不过是一个有眼光的灵魂。它知道自己喜欢什么，想要什么。它会用自己温柔的坚定让你知道这一点。它会温柔地把爪子放在你的手上说"不"，或者在你的面前用一个嘘声表示自己的反对意见。它能毫不费力地表达自己的情感。它们递来一个令人畏缩的眼神，就足以把大多数的凡人和猫咪变成石头，但是你比多数人都更了解它，并且能够读懂它的情绪。这并不意味着它不会寻乐享受，只是相比于淡定久处，它更喜欢有趣的东西。猫薄荷枕头和玩具便能满足它的各种感官。它会沉浸在这些东西的柔软与甜美里，让自己像淑女一样放松其中，而让其他人去做那些粗糙和混乱的事情。为什么能玩的时候要努力工作呢？

呼噜时间

猫咪态度

什么样的小怪癖会让你的猫咪脱颖而出？

　　猫咪也有态度。从它们的耳朵尖，到它们自信愉悦而摆动的笨拙尾巴，它们走路时会扭来扭去，昂首阔步时会摇摇摆摆。猫咪做的一切都有目的，甚至连打盹儿也要做出毫不费力的样子。古怪是那些了解内情的人才知道的猫语。不过，谁想变得普普通通呢？一只清楚一切的猫咪知道，轻微的反常当中蕴含着一股力量。就像世界各地的猫主人都能够证明，猫咪用各种不同的方式留下自己的足迹。没错，人类胳膊或腿上的抓痕是其中的一种，但它们留在你心里的印记会更深。

　　你的猫咪特有的癖好让它成了猫咪界的大师。这个小测试能够检测你的猫咪的个性怪癖，并告诉你是什么让它脱颖而出的。每个小小的差异都会增加它们的特殊性，因为每一只小猫都是独一无二的。正是它们做的这些小事情，帮助你知道到底要如何给它们匹配分类。

Q1. 如果你的猫咪想玩耍了，它会如何让你知道？

    A. 它会跳上你的大腿，在你的双脚中间跳舞，围着你打转，让你参与其中。

    B. 它会叼来它最爱的"吱吱鼠"，放到你的脚边。

    C. 它会摆出一副高贵的模样躺在你的脚边，仿佛在说"我准备好了，来让我开心开心"。

    D. 它会先生气 10 分钟，追着自己的尾巴，然后自顾自玩着"快来抓我"的游戏。

Q2. 今天是新年前夜，外面正在放烟花。你的猫咪会做何反应？

    A. 它会用脸顶着玻璃，想要看到美丽的烟花。

    B. 没什么好惊讶的，但是它会待在窗帘的另一边保持警惕。

    C. 它会躲得远远的，尽可能远离混乱。

    D. 它会坐得离你很近。只要你在旁边，它就知道很安全。

Q3. 你的猫咪做什么会逗得你开怀大笑呢？

A. 睡在卫生间的水池里。

B. 试图爬窗帘或百叶窗，却屡屡失败。

C. 像个人类一样坐在桌子上。

D. 和你聊天对话。

Q4. 你做了自己最爱吃的意大利肉酱面，结果刚好你的猫咪也想吃。接下来会发生什么呢？

A. 你和它共享意大利面，碰巧吃到了一根面条的两端。

B. 它就坐在你的盘子旁边，直愣愣地盯着你的嘴巴，直到你给它吃。

C. 它会先用鼻子闻一闻，如果闻起来不错，那它就会发出"喵呜"的叫声，让你给它也准备上。

D. 当你没注意的时候，它会叼走一根意大利面，跑去一边独享美食。

Q5. 大多数猫咪都有些怪异的饮食习惯。它为了填饱肚子而狼吞虎咽过的最奇怪的东西是什么？

A. 咖喱，很多咖喱。

B. 蜻蜓，先吃头。

C. 芦笋尖。

D. 把你给小鸟留的面包屑一扫而光。

Q6. 什么东西会真正吓到你的猫咪?

A. 黄瓜。

B. 你的歌声。

C. 吸尘器。

D. 打雷和闪电。

Q7. 如果在人类世界给你的猫咪匹配一个工作，将会是什么呢?

A. 箱子侦探: 它喜欢检查箱子，以防里面藏着逃犯或从国外来的东西。

B. 保镖: 它管理着猫咪巡逻队，并且不断检查社区情况。

C. 食品安全检测员: 它喜欢到处嗅闻，品尝你的食物，检查食物的质量，以及是否被下毒。

D. 秘密购物员: 它总能给你带来奇怪的礼物。

Q8. 你准备要给它一个紧紧的拥抱。你的猫咪会做何反应?

A. 它会把爪子藏好，用湿漉漉的鼻子蹭你。

B. 它会非常活泼，舔你的脸直到你把它放下。

C. 它会给你一个简单快速的拥抱，然后就会扭着挣脱你的怀抱。

D. 它会用自己最能接受拥抱的姿势迎接你，把它的小脑袋放在你的下巴下面。

猫咪态度

Q9. 你准备好笔记本电脑要全力开始工作，你的猫咪会怎么做呢？

A. 在你打字的时候，用它的小爪子摁住你的手指。这是它最爱的游戏！

B. 它会富有耐心地坐在你的旁边，等你注意到它。

C. 你的键盘就是它的新床，一旦躺上就拒绝移动。

D. 在你开始工作的时候，它就会找你聊天。

结果

神经怪异的小毛球
主导型和易冲动型

　　这只古怪的小猫咪让"猫猫"这个词变得有派头。它每天都在用自己独特而怪异的方式过着精彩的生活。任何事情只要牵扯到这只小猫咪，你就期待着出乎意料的事情发生吧。这类猫咪改变情绪和口味的速度，比它换猫粮的速度还快，这样的改变会经常发生，不过你也并不介意。你付出的额外努力是值得的，你会从它滑稽可笑的动作里找到乐子。想让它度过美好难忘的一天吗？你可以移动家里摆放的一些小东西。给它新的小玩意儿去探索发现，这类猫咪能够找到一百万种玩法。毕竟，鞋子不仅仅是穿在脚上的东西，更是一种非常复杂的容器，可以用来磨炼挤进来、挤出去的艺术，提高它的弹性和意志力。

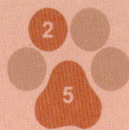

警长猫
外向型和讨喜型

这类猫咪很强壮、敏捷，并且胆子很大。它的表情看起来就像在说"我看你敢不敢"，这也让它成了凶猛的猫咪，从而脱颖而出。如果你需要它，它就会陪在你的身边，当你情绪低落时，它会让你振作起来。它看起来非常冷静温和，有时候它就像一只普普通通的猫咪，但比起猫咪，它更像狗狗：忠诚、友爱、自信。它的小癖好是因为要保护自己，同时保护你和你的一切。当你叫它的时候，它基本都会出现，这类"狗狗猫"从不会离你太远。即使你看不到它，它也会一只眼睛盯着自己要的东西，另一只眼睛看着自己的领地。能够挑战它聪明才智的游戏是它喜欢的事情。这类猫咪享受奔跑，奔跑，再奔跑，以及通过一个完美的圣诞树撑竿跳来展示它的才华。

猫咪态度

鉴赏家

神经质型和主导型

这类连摇摆都极为优雅的猫咪是有阶级划分的。它的行动方式吸引了人们的注意力和笑容，你无法不去赞叹它妖娆的身姿曲线，在你的世界里，它占据了最中心的位置。女神？也许吧。但它更关注生活的质量，需要一切都是最好的。它会用"我可不会被你逗乐"的表情来让你开心，它也知道实现内心渴望的关键，就是让你快乐。鉴赏家类型的猫咪会认真对待自己，无论是和它的猫咪伙伴关于赤霞珠的友好争吵，还是沉浸在维瓦尔第的《四季》（*Four Seasons*）之曲中，它都会让一切以最好的方式呈现，也许它不是故意搞笑，但它被赋予的天性能够让你从早到晚都"咯咯"发笑。让这只珍贵的小猫咪在阳光中度过属于它的时间，它就一定会给你的道路带来光明。

喜剧演员
外向型和易冲动型

　　这只猫咪的第六感就是幽默感了。就像它似乎理解你声音当中最细微的差别，并且可以用猫咪的方式进行模仿。它是一个天生的话匣子，这个善于交际的小猫咪行动敏捷快速，十分灵活。不论是从烧烤店里顺走一个汉堡，还是逃脱主人的"魔爪"，它可不是一个容易攻击的目标。它能像一个忍者一样，偷偷溜进隔壁邻居家吃第二顿早餐，或者在打开的油漆罐子里跳舞，有一件事是肯定的，它可不安好心。也就是说，这位单口相声演员擅长即兴演出，每一刻都让人难忘。如果你正在寻找乐趣，那么你已经找到了一个让它发生的对象。当这只小猫在周围的时候，一切都可以是好玩的游戏，包括你的脚趾头、遥控器，还有你的鸡肉面条晚餐。有了这个叽叽喳喳的小伙伴，你只要笑就好了，这就是额外奖励。

猫咪态度

与猫咪对话

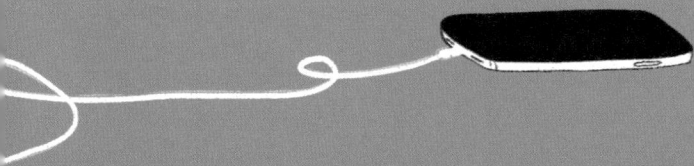

你和猫咪如何交流？

　　猫咪的语言就像一个布满地雷、需要探索的神秘领域。当你认为猫咪至少有一百种声音时，不要觉得奇怪。但如果它们的声音是有所表达，那猫咪又在试图告诉你什么呢？这些又会如何体现它们的性格？

　　就像人类一样，有的猫咪很内向，有的则喜欢成为舞台的中心位。你可能认为你的猫咪性格冷漠，可千万别被它骗了。研究表明，猫咪的理解能力要比我们想的更好，虽然你叫它喝茶闲聊时，它们会装聋作哑，但它能够听懂你叫它的名字，是否回应你就取决于它自己了！

Q1. 到了"第二顿早餐"的时间，为了让你注意到它，你的猫咪会做什么？

A. 亮出爪子，给最近的能够划烂的东西一点颜色瞧瞧，比如你的沙发、墙，或是波斯毯。

B. 发出可爱的声音，并把头转向尾巴的方向，放低姿态，表现可爱的一面。

C. 坐在冰箱边上，像个幽灵一样怪叫。

D. 和你好好聊聊，用一连串不断升高的"喵呜"声，表达情况的紧迫性。

Q2. 猫咪率先出现在了你的工作地盘，并且不愿分享。它会怎么让你知道呢？

A. 先发出抱怨的声音，嘶嘶低吼，让你待在你自己的地方。

B. 猫咪的呼噜声有一股力量，永远不会让你感到麻木。

C. 一屁股坐在你的脸上是首选。

D. 抬抬眉毛，一个坚实的猫爪拍到你的脸上，表明自己的态度。

Q3. 每只猫咪都有自己独特的方式表现它的关心。你的猫咪会怎么做呢？

A. 当然是让你挠肚皮了！接着就会跟你玩"咬手游戏"。

B. 用湿漉漉的小鼻子碰你的胳膊或腿，给你一个潮湿的亲亲。

C. 用一些揉揉按按的方法来缓解你的压力，小猫按摩需要吗？

D. 用它的气味和厚厚的猫毛趴在你的身上，防止你感冒哦！

Q4. 你如何知道你的猫咪什么时候不舒服？那时它会有什么表现？

A. 静悄悄什么都不做。

B. 从食物前走开，也不玩耍了。

C. 更加亲人，想离你更近。

D. 不再喵喵大叫从而引起你的注意。

Q5. 吸尘器的轰鸣，毛茸茸的独角兽拖鞋踢踏声，有些东西就是会让你的猫咪暴躁不安，但是真正惹怒它时，它会做何反应？

A. 展现它内心的小老虎，发出低沉的怒吼。

B. 从最近的藏身处冲出来，并发出尖叫。

C. 用"你怎么敢这样"的眼神盯着你。

D. 在空气中轻摇它的尾巴，气呼呼地离开。

Q6. 在漫长的一天结束后，没有什么比得上和你的猫咪聊一聊。当你和你的猫咪说话时，它通常会怎么做？

A. 看着你，仿佛你的话没有什么内容。

B. 用喵叫声回应你，好像听不懂，但它的精神与你同在。

C. 眨眼，打哈欠，假装睡着了。

D. 全程跟你互动，呸呸嘴，喵呜叫，发出咕哝的抱怨声，并且留出给你回答的空隙。

Q7. 精明的猫咪从来都不会放弃玩游戏的机会，它们把内疚藏在自己的空洞表情背后，但是对于一些猫咪来说，这一切都和表情相关。你的猫咪喜欢摆什么脸呢？

A. 永远都是一副要耍功夫的脸。

B. 超级可爱的表情，让黄油都要融化了。

C. 一看就是不开心的脸。

D. 摆出一副"听着，我只说一遍"的表情。

Q8. 你会知道你的猫咪何时尝到甜头，因为那时它会怎么做？

A. 允许你快速轻柔地抚摸它。

B. 发出低沉的呼噜声。

C. 用头不断撞你。

D. 发出愉快的喵呜声，并蹭你的腿。

Q9. 从玩耍到祈祷，猫咪的初次相见不是战争就是和平。你的猫咪如何与其他猫咪打招呼？

   A. 竖起尾巴，发出有威胁性的嘶嘶声。

   B. 首先它会温柔地嗅一嗅对方。

   C. 如果对方足够尊重它，那么它也许会允许其他猫咪跟随它的脚步。

   D. 发出兴奋的叫声或喵呜声，这些都是和新朋友打招呼的方式。

结果

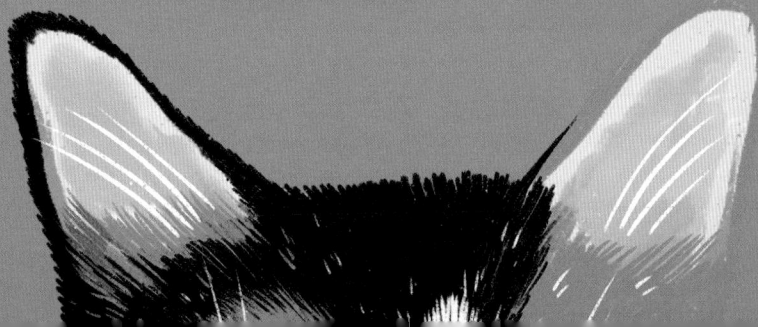

战斗勇士

主导型和易冲动型

　　这无关于你说了什么，而是关于你对它做了什么。行为要比呼噜声更加说明问题，当亮出爪子就能产生预期效果时，为什么还要浪费时间和你对话呢？这类自信的猫咪独独在声音魅力上有所欠缺，但它的存在感却极为强烈。千万不要低估它的说服力。正如老话所说，"猫咪有爪子，它可不怕使用它！"这类猫咪可是主导型中的主导者，同时还有点儿女王风范。话虽如此，但它内心柔软，你可以用自己毫不吝啬的爱、烤鸡、猫薄荷来驯服它。玩耍对于这类猫咪来说非常重要，这有助于让你们之间的交流保持畅通。让它忙起来，陪着它玩，它会通过假装倾听来回报你。

迷人魅力猫

神经质型和外向型

　　这个类型的小猫咪知道如何用善良干掉人类。精心摆出的爪子姿势，舒缓的呼噜声，微妙短促的叫声就是它的工具。的确，在古代，容易受骗的人类出于自身的利益，会把猫咪看作神，知道这点就足够了。猫咪能够在一瞬间撕开离它最近的一袋猫粮。这类猫咪是精神控制的大师。它们不喜欢过于激进的战斗，战斗时，它的第一个动作就是逃跑，但这并不意味着它很胆小。耐心和一点点厚脸皮总能让它得到好处。它很乐意让其他的猫咪或你来领头。避免争吵是非常值得的事情。用拥抱和亲吻奖励它，它会像《爱丽丝梦游仙境》里的柴郡猫一样，对你微笑。

皇家猫咪

神经质型和主导型

如果你觉得自己就像这只光鲜亮丽的小猫一样，拥有皇室血统，那你真的没有必要考虑饲养没有主人的猫或是街上的流浪猫。这类美丽又毛茸茸的猫咪出现在地球上只为了一件事：被宠爱。沟通是它们努力的一种方式。它更享受用潜意识传递自己的信息，并且深信自己的存在有着撼动一切的力量。除非涉及它最爱的猫零食，在其他情况下，这类猫咪富有表现力，但却不那么情绪化。它喜欢用自己的方式。毕竟，所有的一切都是以它为中心，如果你忘了什么，它也会通过发脾气来提醒你。当涉及人类和猫咪之间的关系时，你无法获胜，但其实你在心底也没那么介意。它古怪的行为会让你更爱它。

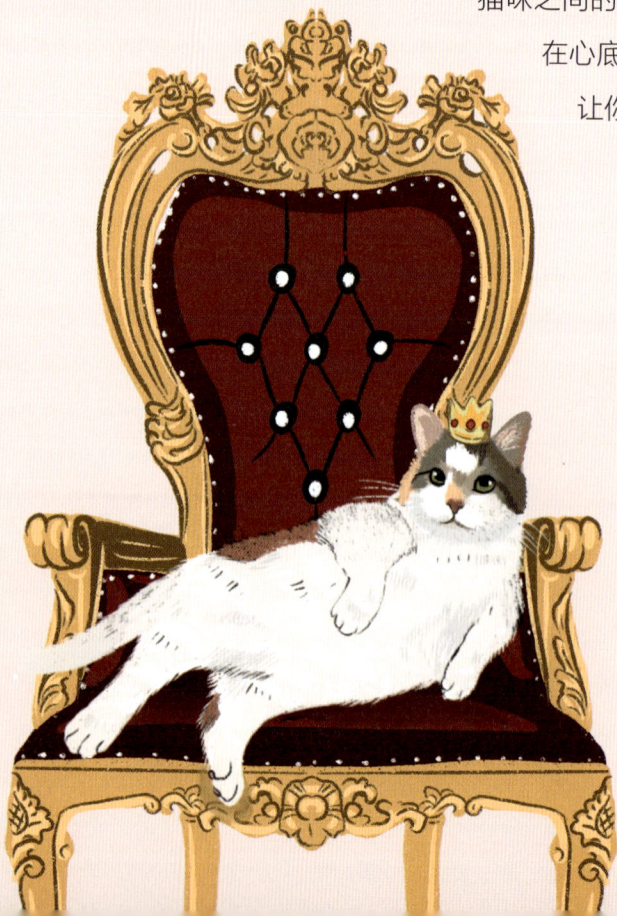

知识分子
外向型和讨喜型

交流是这类哲学猫的一种艺术表现形式。和其他的猫咪不同，它会用不同的声音和猫咪的全部发声方式来表达自己的观点。这类猫咪擅长肢体语言，勇于探索自身能力之间的细微差别。它们会使用从胡须尖端到尾巴末端的一切来和你建立联系。虽然，要赶上它超凡的智慧，我们还有很长的路要走，但这个类型的猫咪已经准备好给人类一个机会，它们乐于分享自己的专业知识和经验。它们知道你如何说话，甚至会模仿你的语气来帮助你理解交流时的重点。事实上，它唯一的挫败感是因为人类假装倾听，却很少听到或理解最简单的事情，人类也无法意识到，每次交流的对话结尾都是"金枪鱼"这个词！

与猫咪对话

101

猫咪在行动

你的猫咪有多爱冒险？

领地对于猫咪来说至关重要，流浪猫可能只是占据了广阔的户外领地，或者是觊觎隔壁的后院，但室内的家养猫也会有一定的领地意识，尤其当事情涉及它们的家庭和主人时。毕竟，猫咪的内心都是狂野的。它们奔跑、狩猎、保卫自己的领地的天性会自然地显现出来。即使是最腼腆的小猫咪，当面对闯入者时也会发出怒吼。雄性猫咪通常更具有主导性，偏好拥有可以自己巡视和保护的空间，而雌性猫咪的领地通常有所重叠，也就少了一定的冲突。即便如此，当我们的小猫咪在共享草坪上相遇时，用尿液标记领地、打架抓毛都是常见的事情。

当涉及自信及自发性时，猫咪能够占据的领地就能够说明一切。黏人的小猫咪也许会感到焦虑，但是保护它自己的财产——你的冲动同样刺激了它们的需求。无论是什么在推动着小猫咪的前进，它们四处游荡（或不游荡）的方式是猫咪组成的重要篇章。

Q1. 你的猫咪会把自己的爱分享给别人，还是只跟你有感情呢？

    A. 它很清楚谁是谁，家才是应该在的地方。

    B. 其他人类也可以，它不介意分享爱，也不在意什么时候分享。

    C. 正如你所知道的，它起码在周围有两个落脚点。

    D. 在你的猫咪的世界里，只有它城堡四周的墙，你想加入也不是不行。

Q2. 如果你的猫咪是一个动作巨星，它可能最像谁？

    A. 绿巨人浩克：大多数情况下都很温柔，但千万别惹怒它。

    B. 詹姆斯·邦德：这只猫咪行动迅速敏捷，漂亮时髦，喜欢参加派对。

    C. 印第安纳·琼斯：这个有名的考古学家，可没办法走猫咪闲逛的路线。

    D. 蝙蝠侠：极具个性且神秘莫测，它喜欢它的"猫咪洞穴"。

Q3. 当太阳下山，夜晚来临时，你会在哪里发现你的猫咪？

A. 它和你一起窝在沙发上。

B. 在外面徘徊，和保安玩捉迷藏。

C. 和阁楼里的猫咪睡在一起。

D. 吃饱喝足，准备睡觉。

Q4. 你的猫咪在邻里之间以什么闻名？

A. 第 XX 只可爱的猫咪。

B. 它就是喜欢在我们花园里便便的猫！

C. 独行侠，随时都在准备恶作剧。

D. 什么猫？我们都不知道你还有只猫！

Q5. 其他的猫咪可能会到你的花园里或其他户外的地方散步。最有可能的结果是什么？

A. 你的猫咪会不惜一切代价把它赶出去。

B. 站着吓唬它，发出嘶嘶的声音，尾巴上的毛都会竖起来，但不会有太大的冲突。双方都保持一定的距离。

C. 它可能都不太会注意到外来的猫咪。

D. 它情绪不错，不受影响：室内领地安全即可。

Q6. 今天天气炎热无比，你的猫咪会待在哪里？

A. 树荫下。

B. 在隔壁晒太阳。

C. 你也不知道，饿的时候它就出来了。

D. 在冰箱上面、四周。

Q7. 你的猫咪有没有长时间的"擅离职守"呢？

A. 从来没有过。它是一个遵守日常规范的猫咪。

B. 曾经有那么一两回，但是最终都会回家。

C. 它热爱自由，曾经一走就是好几天。你已经不再担心了。

D. 它很擅长找到藏身的地方，但是一只烤鸡就能引它出现。

Q8. 当你让猫咪出去玩的时候，它倾向于怎么做？

A. 尽可能待在离家近的地方，就在后花园里逛一逛。

B. 像火箭一样冲出围栏，跑到外面广阔的世界去。

C. 它无时无刻不在外面！

D. 它是一个喜欢待在家里的小猫咪。

猫咪在行动

Q9. 如果你的猫咪在外面闲逛，什么会让它回家？

A. 你的声音就足够了。

B. 你要拎着一袋子零食，在大街上走来走去。

C. 当它准备好了或饿了，或两者兼备的情况下，自然会回来。

D. 如果它出去并且迷路了，你能通过它的"喵呜"声很快找到它。

结果

闲逛达人

神经质型和讨喜型

　　没有什么比午后沐浴在阳光下更让它惬意的。如果有你的陪伴就再好不过了。在花园里和你一起玩耍，是一种享受，它会在花花草草中迈着小猫步指指点点，让花园里的野生生物井井有条。它喜欢知道你在哪里，而且它也会用走得不远的方式回报你。即使它的领地有限，它也会用生命去保护这片领地。任何多情的猫咪出现在它的领地上，都会遭殃的。和人类在一起时，它会变得焦虑。这是一个温柔的猫咪类型，它喜欢追着蝴蝶跑，虽然很少成功，可奖励并不在于结果，而在于过程。要是你经常待在家里，那么它一定会定时去看看你，看你还在不在，是否安全。拍拍头，握握爪子，多多拥抱它，会让这只猫咪成为猫中贵族。

开拓者

外向型和讨喜型

　　这类猫咪活着就是为了探索。它喜欢知道附近有什么，在半径很小的范围内活动过。但如果有什么引起了它的兴趣，那这类猫咪可能会被诱惑到更远的地方。它喜欢玩乐，自信却不霸道，有争吵也会尽力避免，但如果有压力，那它心里的小老虎就会出现。速度是它的超能力，当面对未知的猫咪和人类时，它会像风一样奔跑。由于对恶作剧极为感兴趣，一旦有机会，它就会挤进最不可能的地方。玩耍很重要。它们每时每刻都有着巨大的潜力。虽然它喜欢自由自在的奔跑，但同样也享受在家的时光，了解日常生活的每一步。对于这类猫咪来说，所有的事物都有平衡，所以要给它足够的空间，它需要能够自己选择流浪还是留下。

猫咪在行动

漫游者

主导型和易冲动型

这类猫咪可闲不住。它渴望户外活动，没有任何东西或人能够阻拦它。生命就是为了生活，它也一定会得到应有的回报。作为天生的冒险者，这类猫咪有侥幸心理，在它的冒险结束前，很有可能会有一些战斗带来的创伤，好在它并不在意外表，伤疤增加了它的魅力，它大胆而冲动，尤其在事情没有按照它的想法进行时，它会格外坚持自己的立场。也就是说，只要你允许它做自己想做的事情，那它就会格外放松。漫游者有着很大的领地，延伸到了社区的大部分地域，它是马路之王，它一次又一次用它的陪伴护佑着你。

居家男孩

外向型和讨喜型

人类和猫咪可能都会觉得这只可爱小猫咪的行为举止有些奇怪。并非如此，它知道什么能让它开心快乐。安全感是关键。这类猫咪很珍惜自己在室内的领地，虽然在你看来，分享空间是一件可以被原谅的事情，但现实是这一切都是它的。如果你还没有注意到它侵占了你所有的财产，那你很快就会有所发现了。它会在你的手包里，也会懒洋洋地躺在你的浴缸里，这个家中没有任何一部分不是它的。如果你想离开，那就会在行李箱里发现它，可别惊讶。在它的表现中，"爱"是最突出的，你就是它的世界，但这种感觉是相互的。用它最爱的美食好好宠爱它，花最多的时间陪伴它，就不难理解为什么这类猫咪不爱冒险了。这只小猫咪有自信能让你终生都无法离开它。

猫咪在行动

113

"猫爪五性格"记分页

其实要将你的猫咪划分到完全匹配的类别中是不可能的事情，但是我们可以尽量根据这五种特质去识别，并且给他们下一些定义（参见第4页）。在猫咪情绪或所处环境的影响下，它们有时候会表现出全部这五种特质，有些猫咪则会匹配其中的 1~2 个类型。对于那些想要知道自家猫咪最真实特征的主人，这就是一个方便且容易获取的方法。

下面的五个部分就是每个小测试结尾表现的猫咪特征。你可以在每次猫咪和其特征有所匹配时，在这里记录做笔记，然后算出得分，看一看哪一种性格主宰了你的猫咪。

1. 神经质型

.... 总得分..................

2. 外向型

.... 总得分..................

3. 主导型

.... 总得分..................

4. 易冲动型

.... 总得分..................

5. 讨喜型

.... 总得分..................

结论

　　每个小测验的设计都是有根据的，猫咪生活的各个领域，它们思想中的个性主张，它们的行为方式，小怪癖，等等，做这些测验可是无比愉快的事情，因为在一天结束后，我们的猫咪能给世界带来更多的欢笑和温暖。

　　记住，这些测试仅仅是一个开始。通过这些测试，你将能够明白小猫咪的特点。一旦你知道了这些，就能通过一些必要的改变来帮助这些猫科动物生活得更好。从把你的家变成一个互动游戏中心，到确保你给猫咪足够的关注或平均分配你的时间到家里养的几只猫咪身上。

　　不论你的猫咪需要什么帮助来找到属于它的满足感，你都需要更深刻地理解，通过这些简单的测试就能跟上它的思路，了解它想要什么。任何爱猫人士都会同意，想要了解你的猫咪朋友，哪怕花一辈子的时间，都不一定能完全做到，但是试图了解它们的过程还是充满了欢乐。

更多精彩内容

猫咪的品种和这一切有关吗?

　　你正在考虑养只新的猫咪，但要先了解到底什么样的猫咪能更好地适应这个家庭的生活。又或者说，你已经完成了测试，你只是对你的猫咪究竟是猫中典型还是独一无二的品种感到好奇。一般来说，不同品种的猫咪会有不同的猫格，这些性格可以提供一些线索，告诉我们是什么让它们如此特别。一些品种的猫咪会需要更多的爱和关注，另一些猫咪则显得冷漠疏远，它们或许缺少你的拥抱和亲密，但这类猫咪可是街上的聪明小子，并且有着自己的风格。

　　在接下来的几页里，我们选取了最常见的猫咪品种，与大家分享猫咪描述中可能会出现的匹配部分。也就是说，猫咪的品种只是一个起点。就像人类一样，猫咪也都是独一无二的，是以个体形式出现在这个世界上，并且拥有自己的小癖好。

美国或英国短毛猫

这个类型的猫咪贪玩，并且喜欢享受独处的快乐时光。它们善于和自家人打交道，并且表现出自己的热情与爱意，短毛猫对自己的同伴和人类朋友有着超乎想象的忠诚。

参考描述： 独行侠（第76页）；迷人魅力猫（第99页）

阿比西尼亚猫

活跃好动的阿比西尼亚猫最爱爬树，探寻未知，四处探险。这类好奇心极重的猫咪有着独立的天性，但却和自己的人类家庭建立了非常强烈的感情纽带。

参考描述： 变色龙（第63页）；开拓者（第111页）

孟加拉猫

自信爱喵呜的孟加拉猫享受家庭生活，与小孩子及其他品种的动物都能打成一片，它们聪明，友爱，充满乐趣，这类猫咪有着极大的包容心，并且拥有多样性格。

参考描述： 天才猫（第39页）；素颜美人（第52页）

缅甸猫

因为对主人极为忠诚，这类猫咪也被称作"狗狗猫"。缅甸猫极为友善，享受别人对它的关注。这类品种的猫咪喜欢观察周围发生的一切。

参考描述： 休闲之王（第27页）；警长猫（第87页）

更多精彩内容

康沃尔雷克斯猫（又称柯尼斯卷毛猫）

有些人可能说雷克斯猫是要求很高的一类猫咪，但它们只是喜欢亲近自己的主人。高智商、调皮，康沃尔雷克斯猫也是喵喵不休的话匣子，当它想要引起注意时，就会发出声音。

参考描述：大老板（第50页）；喜剧演员（第89页）

缅因州科恩猫

这些温柔的巨型猫咪性情平和，充满爱心。它们看起来呆呆的，享受游戏时间的快乐。这类猫咪有着好奇的天性，能和人类及其他动物相处融洽。

参考描述：最佳伙伴（第17页）；兄弟伙（第62页）

波斯猫

温柔，恬静，波斯猫喜欢一个温馨平静的家。这类猫咪看起来高贵典雅，但其实，只要让它们远离嘈杂的环境，大多数情况下它们都非常随和。

参考描述：亟待呵护型（第41页）；装腔作势的小家伙（第65页）

布偶猫

这个品种的猫咪是最闲散的猫咪之一，它们有着甜美的天性，生来性格平和，善于交际，并且享受人类的拥抱。这只猫咪是家庭生活的不二之选，还能和其他的猫咪和平相处。

参考描述：宝宝型（第14页）；闲逛达人（第110页）

俄罗斯蓝猫（又被称作马耳他猫）

俄罗斯蓝猫并不像其他品种的猫咪那么黏人。它们刚开始会比较害羞，一旦感到舒适自在，就会十分友好，并且极为聪明。

参考描述： 酷炫猫咪（第 26 页）；腼腆大猫（第 29 页）

暹罗猫

才思敏捷，足智多谋，有时精力充沛。暹罗猫不喜欢长时间独自一人。游戏和互动是它们的最爱，没什么比和人类长时间交流更棒的事情了。它们的运动能力很强，扒着窗帘往上爬是它们喜欢的事情。

参考描述： 机灵鬼（第 28 页）；知识分子（第 101 页）

更多精彩内容

更多有关猫咪护理、健康和行为的阅读参考

Catherine Davidson, Why Does My Cat Do That? Answers
to the 50 Questions Cat
Lovers Ask, Ivy Press (2014)

Jackson Galaxy, Total Cat Mojo: The Ultimate Guide
to Life with Your Cat
Tarcherperigee (2017)

Dr Yuki Hattori, What Cats Want: An Illustrated Guide for
Truly Understanding Your Cat
Bloomsbury Publishing (2020)

Pippa Mattinson and Lucy Easton, The Happy Cat
Handbook, Ebury Press (2019)

Amy Shojai, Cat Life: Celebrating the History,
Culture & Love of the Cat
Furry Muse Publications (2019)